十一月里寒风呼号
农民夫妇穿着防水胶裤埋头在冷水中整理芹菜
随着弯腰的身影，清洗过的水芹越叠越多
转身交给田埂边的老母亲
收获的满足倒映在冰冷田水中
也温暖了一家人的心

诗经之言悠悠在耳
思乐泮水，薄采其芹

原来老农手掌中握住的是
孔子时代就有的水芹
嫩白长茎和绿色叶子
在阳光下更显青翠
洗过三千年流水的水芹
依然是那种不变的清香

3

水芹序

芹菜是餐桌上常见的蔬菜，我们常吃的一类是栽培在旱地的药芹或者粗壮的西芹，还有一类便是长在水里的"水芹"。与肥大粗壮的西芹相比，水芹要显得柔嫩细长得多，十分秀气，像一位江南的弱女子。纤细的叶柄下部洁白，中段淡绿，切开还能闻到一股浓郁的香气，芬芳扑鼻。

水芹最好吃的部分，也就是这洁白、中空、纤细的叶柄和嫩茎，口感脆嫩爽口。因为水芹下端茎叶生长在淤泥和水里，接触不到阳光，没有生成叶绿素，纤维细嫩，糖分也未转化。所以长久以来，为获取更长更好的叶柄嫩茎，农人们积累了各种栽培方式，称作"软化法"。其中最独特的就是苏州地区的"深栽软化法"。

俗话说"拔苗助长"，水芹的种植智慧却是"压苗助长"，把浅植了一段时间的植株挖起再重新深埋入淤泥中，深埋泥中的部分不见阳光，便长出又白又脆又嫩的茎梗。其他地区还有培土软化法与深水软化法，但种出的水芹没有这么鲜嫩。

水芹是喜欢凉爽，并且比较耐寒的植物，所以自秋天栽种以后，出产期可以持续整个冬季到来年初，是冬天餐桌上的美食。但是也正因如此，采芹就成为一件十分辛苦的工作，到了寒冬，水面甚至结冰，只有采芹人能体会到其中的艰辛。

今天许多人可能对水芹不太熟悉，但对于从前的中国人来说，提到"芹"，也许往往是"水芹"。有趣的是，在两三千年的中国文化中，水芹还被赋予了非常丰富的文化含意，比如"采芹人"，除了字面意思，还因《诗经·泮水》"薄采其芹"之句，成为读书人、秀才的代名词；又如"美芹""芹献"等等，因《列子·杨朱》"野人献芹"的典故，而成为一种谦辞。细细了解其背后的文化故事，才能体会许多历史上著名文学作品的真正内涵。

水芹原是一种野菜，在南方的泉涧池洼、溪河湖沼之畔都有可能找到水芹的芳踪，现在则更多的是作为一种水生蔬菜在水田里种植，特别在江苏、浙江、安徽、湖南分布较多。因为水土环境条件优越，苏州出产的小圆叶芹格外清香柔嫩，也是颇受欢迎的地方品种，也成为苏州"水八仙"中不可或缺的一种。■

采访手记

我们的采访地苏州甪直车坊的江湾村和前港村，都有种植水芹，但以前港为多。前港的大宗水生蔬菜，除了芡实，就是水芹了，这两者还正好是一对轮种作物，芡实刚收净，便可以马上进行水芹定植。

前港村的芡实刚刚收净，农户正在翻田治田栽种水芹

●真正种植前长达半年的准备期

水八仙大多都是通过茎节进行无性繁殖，水芹也是如此。将去年越冬之后的植株在春天分株移栽，长成老熟种茎之后，秋天才再正式排茎定植在大田中，通过茎节上生出的幼芽繁殖。所以几乎一年四季都可以在田中看到水芹的身影。若没有详细的了解，是很容易搞混水芹的生长阶段的，我们弄清也颇花了一点时间。

2011年4月，经由江湾村胡敬东主任介绍，汉声编辑刘镇豪、陈诗宇来到同属车坊的前港村采访，初次见到水芹。正值春末，村里浅浅的水塘中稀疏地栽种着短短的水芹苗，不知道的会以为这是刚刚定植的水芹。但此时水芹茎干却已经十分粗壮，打听后才了解到，原来这是去年生长至今的老株，只是在不久前经过挑选之后，再分株移栽入现在的留种田，准备做下一季的种株，等到真正种植还有几个月的时间呢。

7月再次来到前港村，正值芡实旺盛生长期，在大片的芡实塘附近，能找到小块的水芹留种塘。塘中密密麻麻长满了高高的水芹留种株，此时已经开过伞状的白花，绿褐色的老茎十分粗壮结实，主茎和分枝经过抽薹拔节生长，枝叶茂密，羽毛状的叶子边缘略有焦黄，完全不是

餐桌上水芹鲜嫩的样貌。

●进入育苗和排茎定植

水芹是喜欢凉爽的植物，所以要等到秋天才会重新开始萌芽生长。当8月留种水芹枝干长到1米多高，生长停滞时，就要开始着手准备育苗了。前港村的农户将老熟种茎齐地面割下，把上部的嫩梢也一并切除，再在水中漂洗过，取出杂物整理成捆，用稻草扎好堆成垛，用草席覆盖，并浇水保持湿润催芽。等长出一寸长的种茎芽，就可以把这些种茎排到大田里去定植。

我们观察的这片水芹田，田头有几户屋棚，农户劳作前后都在屋棚内外休息。我们寻到一位农民陈刘兴大伯，给我们详细地梳理了水芹种植的全过程。陈大伯告诉我们，每年种水芹前，他们都要根据今年的气候环境和前茬芡实的收成时间，心中对今年的种植有一个规划，要心里有数，这样下半年的种植和采收才能有条不紊地安排开。在苏州当地，一般水芹种植分早中晚三茬，早茬9月初，中茬9月20日，晚茬10月

（下转第33页）

复伞状花序

果实

档案

分类：被子植物门，双子叶植物纲，原始花被亚纲，伞形目，伞形科，水芹属

学名：Oenanthe javanica (Blume) DC.

别名：水英、细本山芹菜、牛草、楚葵、刀芹、野芹菜等

原产地：东英、东南亚、南亚

分布：中国、日本、印度南部、缅甸、越南、马来西亚、印尼爪哇及菲律宾等地

中国主产地：长江流域、江苏、浙江、安徽、湖北、湖南等省份栽培较多

食用部位：嫩茎、叶柄

生长期：9月上旬至11月

采收期：10月中旬至11月

水芹

水芹是伞形科水芹属多年生草本水生宿根植物，别名水英、山芹菜、牛草、楚葵、刀芹、野芹菜等。是一种生长在池沼边、河边和水田的水生蔬菜，以茎和叶柄为主。长江流域以南如江苏、浙江、湖南、湖北栽培较多。水芹营养丰富，含有多种本水生宿根植物质以及纤维素，并具有保健食疗功效，尤其适宜高血压病、高脂血症及肝阴偏旺之人食用。但水芹菜性凉，平素脾胃虚寒、腹泻便溏之人忌食。

全株图解

叶

种子萌发先长出狭长形双子叶，再长出不规则近圆形的单叶一两张，后长出奇数羽状复叶。大叶长约20厘米，宽约12厘米，有叶柄在茎上互生，小叶头卵形或广卵圆形，叶缘有钝锯齿状。叶片一般为绿色或黄绿色，部分品种在低温时呈紫红色。

叶柄柔软细长，栽培时部分被埋入土中。土中段为白色，水中为白绿色，较洁白柔嫩。基部扩大成叶鞘状，包住茎部。一株水芹共可食用。也是食用的主要部分，一般6～10叶时采收，10张叶以上。

茎

水芹茎分短缩茎和匐茎。

短缩茎：是向上长出短缩茎，地上直立茎和匐茎以及基部位。短缩茎上能横向抽生很多匐茎，一定程度时，能长出新根和新芽，分株分株继续抽生匐茎。

匐茎：节间长，长到一定程度时，能长出新根和新芽，形成匐茎，老熟茎绿色，深褐色。嫩匐茎绿色、绿褐色，有的品种在低温时呈紫红色。柱状、中空，稍有隔膜，有棱。

根

水芹的根系为发达的须根系，在短缩茎的基部以及匐茎的各个节上环绕着生，一般长30～40厘米，吸水吸肥的能力很强。新生的根细而白色，而后逐渐变成绿色，节在适宜的环境中也可长出气生根。

花

在次年夏后，水芹会抽生侧生，在地上茎上顶生或腋生，为疏松的复伞状花序，花冠白色或稍黄。每1单一伞状花序，雌蕊2枚。花序外缘的小花花瓣通常增大，呈辐射状。

果

花谢之后结双悬果，长卵圆形、略扁、绿色。成熟后转为褐色。果内含种子1粒，常温条件下种子不能正常发芽。在开花不结实，或只有种皮没有种仁，所以只能用植株茎无性繁殖。

地上茎（嫩茎阶段）

地上茎（老茎阶段）

气生根

短缩茎

匐茎

【次年拔节后的老茎】

【入冬前全植株】

地上茎

地上茎：短缩茎的腋芽向上萌发形成直立或半直立的地上茎。地上茎有两个生长阶段：第一是冬前嫩茎阶段，植株被人工深埋入土，促进嫩茎的拔节伸长，埋入土中的部分由于不见光，呈洁白、中空、软嫩的状态。白色的最佳部位，是食用的最佳部位。后，生成叶绿素转绿色，纤维、糖分转化，食用性也较低。

第二是冬后生长阶段，开春以后，地上茎窜出地面，节间伸长，每节3～10厘米，有数十节，节上有腋芽，易环节生小气生根，一般总长40～100厘米，最长可达2米，易倒伏成半匍匐状。此时的地上茎绿色，柱状中空稍有隔膜。地上茎粗壮老硬，无食用价值。

在《吕氏春秋》中
水芹被称为"菜之美者"
历代诗人对它赞誉有加
杜甫有"饭煮青泥坊底芹"的名句
清代诗人更以"鹅管脆"
形容水芹嫩茎的口感，真是惟妙惟肖

境 生长环境

水芹需要肥沃、松烂、有机质丰富的土壤，田块沟渠疏通、灌排便利的环境。

水芹生长要求较多的水分，在生长初期因植株矮小，气温高，所需水位较浅，生长中随着植株长高需逐渐加深水位，既可促进茎部生长，又使嫩茎和大部分叶柄不受日光直射而洁白柔嫩。水位过深易使茎叶腐烂，过浅则植株生长缓慢，茎叶粗老。寒潮或冰冻时，还需进行深水保护。水芹喜冷凉，较耐寒而不喜热，高于25摄氏度时生长缓慢甚至停止生长，所以旺盛生长期要求气候凉爽。

栽

栽培方式

●轮种

苏州地区一般以芡实或莲藕作为前作轮种。秋天在芡实和莲藕采收之后，马上进行水芹的排茎定植。

采收芡实后的水塘，即将栽种水芹

●催芽育苗

水芹以去年越冬的老熟种茎各节上的腋芽进行无性繁殖。因为水芹喜凉爽，在25摄氏度以下才适合生长，所以一般早熟品种最早在立秋之后，即8月上中旬，才开始进行催芽育苗，而中晚熟品种则在8月下旬至9月中旬开始，因催芽时间短，可不需翻垛直接排种。当留种田中的老熟种茎至约1米高、1厘米粗时，齐地面割断，逐根挑选，剔除过细过粗以及劣变种茎和杂草，再切除上部嫩梢。漂洗之后，齐根理好并用稻草捆扎成15～25厘米的圆捆，成垛堆放在阴凉处催芽，上部可覆盖稻草，并早晚浇凉水，保持湿润。两三天可以翻一次垛，清除烂

留种田中的老熟种茎

叶。大约一周之后，茎节叶腋长出的嫩芽高三四厘米时，便可以进行大田排茎。

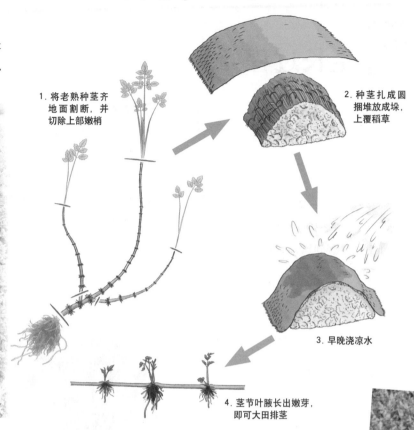
1. 将老熟种茎齐地面割断，并切除上部嫩梢
2. 种茎扎成圆捆堆放成垛，上覆稻草
3. 早晚浇凉水
4. 茎节叶腋长出嫩芽，即可大田排茎

管

田间管理

●水分调节

排茎之后，往田块中灌入薄水，使种茎半浸在水中，不干不淹约10天左右。待苗长高至10～15厘米，叶色放青时，略排干水，促进生根下扎。之后加深水位至2～3厘米，保持至深栽软

种茎半浸水中

化，之后水位可继续加深，寒潮来临时可加深至15～20厘米。

●追肥

水芹排茎十几天后，进入旺盛生长期，可以根据田块肥瘦、水芹长势进行追肥。追肥前需先排干田水。次日施肥后，过一昼夜待肥料吸收，再行灌水。深栽软化之后则不再追肥。

●深栽软化

排茎后约30～45天，即10月中旬到11月中，植株地上部分长到30厘米以上时，便可以进行深栽软化。水芹田块的一端一般会留有一小段约1米宽的空地，深栽时，从空地端开始，将水芹苗连根拔起，约15～20株合成一束，双手五指抓紧植株根部，再转身手腕用力将其深栽入空地后侧土中，水上部分留10余厘米，将整块田的水芹逐一就地深栽。栽太深，地面叶片过少，不利生长，并易生锈病，栽太浅则软化部分不足。

掘

双手掏抓水芹根部

缓慢生长期：13～20厘米

旺盛生长期：7～10厘米

定植初期：2～3厘米

（厘米）	8月～9月	9月上旬～10月上旬	10月上旬～11月下旬

不同时期水芹田水位高度

株 生长过程

幼苗期

8月下旬~9月中旬

此时气温较高，23～27摄氏度间，经过催芽后的种茎排于土面，腋芽萌发，向上长出新叶，向下长出新根，形成新株。

旺盛生长期

9月中旬~10月下旬

气温回落，到20～15摄氏度，十分适合水芹生长，叶片生长旺盛，分蘖加快，形成株丛。短缩茎增粗，不断伸出匍匐茎，地下新根数量增加，旺盛生长期可持续五六十天。

缓慢生长期

11月上旬~来年3月下旬

此时气温逐渐下降到3摄氏度左右，茎叶生长缓慢，分蘖停止。植株经过移苗深栽软化之后，地下部分逐渐转为白色，可以采收上市。

拔节抽薹期

4月上旬~6月下旬

气温回暖至12～25摄氏度，越冬之后的植株在短缩茎各节萌生分支，并拔节抽薹，茎长高至60～80厘米，最高可达1.5～2米。

开花结实期

7月上旬~8月中旬

气温继续上升，茎叶停止生长，植株转入开花结实期，大部分叶片老化脱落，茎干老熟变粗。休眠芽长足，可以作为下一季栽培的种苗。

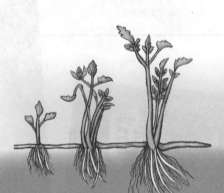
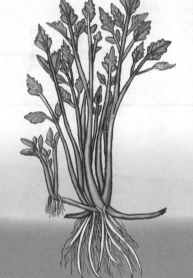

系 品种

水芹属有30多个品种，在我国有水芹、中华水芹、西南水芹、少花水芹等自然品种。其中的水芹还形成了十几个栽培品种，主要的常规品种有苏州圆叶芹、常熟小青芹、常熟白芹、玉祁红芹、溧阳白芹、扬州长白芹、高梗水芹、宜兴水芹、丹阳白芹、桐城水芹等。

●苏州圆叶芹

又叫苏芹、小圆叶，是苏州市郊的地方品种，栽培历史悠久。早熟，株高40～55厘米，二回羽状复叶，小叶卵圆形，近圆，边缘有粗锯齿。叶柄长35～40厘米，上部绿色，中部白绿色，下部白色。基部粗壮。纤维少，品质佳，食用率高，适合深栽软化。早熟栽培11月上市。

●常熟小青芹

又称小青种，常熟地方品种。中早熟，株高50厘米左右，二回羽状复叶，小叶卵圆形，较小，叶脉明显。叶柄长40厘米左右，上部青绿色，水中部分绿色，土中部分白色。植株紧凑，生长快。

●玉祁红芹

原产常州武进，后被无锡玉祁引进。株高50～60厘米，二回羽状复叶，深裂，小叶卵形，叶缘细齿。节间、叶脉、叶缘、新叶呈紫红色，低温时全株叶片变紫红色，气温越低，颜色越深。适合冬季软化栽培，春节前后上市。苏州于20世纪80年代自玉祁引进。因其耐寒、高产、优质，成为苏州主要栽培品种之一。

注：此页品种照片来自《苏州水生蔬菜实用大全》

收 采收

时间： 水芹深栽软化之后，早熟品种过 15～20 天，霜降以后便可以陆续进行采收，采收期从 11 月初可一直持续至年前，部分可继续采收至来年 3 月。

采收方法： 采收时，从靠近田头屋棚的一端开始进行，下水将水芹一把连根拔起，就地在水中将根泥淘洗干净，再将枯叶和茎叶上的污泥漂洗后，码放整齐，用浮板拖运或用扁担挑回屋棚。将收下的水芹按株理顺，用草绳扎束成大约 1 公斤一把，即可运输上市。或根据客户市场要求切除根部再上市。

水芹的采收

拔

就地在水中把根泥淘净

淘

洗

漂洗去枯叶和茎叶间污泥

将水芹连根拔起

水芹成熟了
"拔、淘、洗、放、运、理"
农人拔起水芹，去除杂草、清洗后放置浮板上
拖运至田头棚屋里整理成束
一把把鲜嫩的芹菜仿佛已散发出好滋味

●整地排茎

时间：8月下旬至9月上旬，即处暑到白露之间，可以开始进行排茎。具体排茎时间因各品种而异，晚熟品种可迟至9月末，一般农户一季种植会分为早水、中水、晚水三期，一期相隔半个月至40天。另外应该选择晴天下午傍晚或阴天进行。

整地施肥：水芹是需肥量大的叶菜，所以排茎前要先平整田块，并施足基肥。为便于田间操作，根据田块大小，做成宽约两三米，长随田的长条畦块。畦块间以宽约30厘米的水沟相隔。

排种：将过长的种茎切成两三段，均匀地撒在田块中，并保证种茎紧贴地表。排茎时，可以采用几种次序，或先将种茎基部朝外，梢部朝内，在畦块四周排一圈，再在中央均匀撒排；或将种茎与畦块长边垂直，均匀横排。

排茎前平整田地，用水沟隔成长条畦块

切过的种茎均匀排种于田地

水芹田间管理

栽
将植株重新深栽土中

起
将水芹连根拔起

转
转身面向待栽空地

将水芹苗成束拔起，转身直插入土
再次深栽使叶柄深埋土中
因未受阳光照射而纤维软化
嫩白、好吃、好看
从育苗、整地排茎到深栽
农人长期积累的经验和智慧令人赞叹

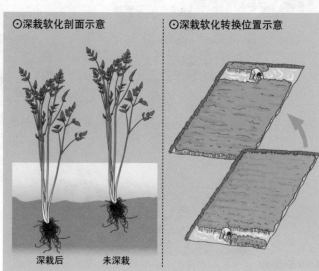
⊙深栽软化剖面示意　　⊙深栽软化转换位置示意

深栽后　　未深栽

水芹的营养与功效

文：黄文宜（中医师）

【饮食养生】

◎营养成分：水芹的维生素 B_2、烟酸、铁、锌、硒、铜、锰等含量比常见的旱芹要多，此外还含有芸香苷、水芹素和槲皮素等成分。水芹富含微量元素，其抗高血压的功效与此密切相关。丰富的含铁量使芹菜成为缺铁性贫血患者的佳蔬，一般人食用也可养血益气。

◎芹香益人：水芹含有较多挥发油，别具芳香，吸引爱食之人，可使食欲大增，并有健胃祛痰、兴奋中枢神经、加强血循环的作用。

◎防癌先锋：丰富的纤维不仅给芹菜带来独特的口感，更具防癌功效。除了可抑制肠内细菌产生的致癌物质，还可防止便秘，从而预防直肠癌等疾病。此外英国科学家研究发现，食用水芹可部分抵消烟草中有毒物质对肺的损害，在一定程度上能防治肺癌。一般人只要每天吃60克水芹，就可以发挥预防肺癌的效果。

◎食叶有益：我们平常吃的都是芹菜茎，其实芹菜叶的营养也毫不逊色，而且所含的维生素C与胡萝卜素均比茎部高。平时不妨将芹菜叶炒菜或做汤，同样带有芹菜独特的清香，经常食用还可以护眼润肤。

【饮食治疗】

◎性味归经：性平味甘。入肺、胃、肝、心、手足太阴、阳明经。

◎功能主治：利小便，除水胀。止血养精，保血脉，益气。主脉溢。去伏热，杀石药毒。

◎食疗验方：《本草拾遗》称水芹"饮汁，去小儿暴热，大人酒后热，鼻塞身热，去头中风热，利口齿，利大小肠"。此外水芹含有利尿有效成分，可消除体内钠潴留，利尿消肿。临床上以水芹水煎可治疗乳糜尿。【小便淋痛】：水芹菜白根者，去叶捣汁，井水和服。【小便出血】：水芹捣汁，日服六七合。 【小儿吐泻】：芹菜切细，煮汁饮之，不拘多少。

◎中医古籍中记载水芹的主要功用有去黄病（治肝炎）、主脉溢（治心血管病）、祛风（抗过敏）、消渴（抗糖尿病）等。经现代实验证明，水芹含有的挥发油类、醇类、黄酮类等成分，在抗肝炎、治心律失常、抗糖尿病和降血压、降血脂等方面确实具有一定功效。

【饮食节制】

◎多吃芹会抑制睾丸酮的生成，有杀精作用，可能对避孕有所帮助。有生育计划的男性应注意适量少食。

【饮食宜忌】

◎一般人群均可食用。特别适合高血压和动脉硬化的患者；预防痛风，糖尿病、缺铁性贫血患者、经期妇女均适宜食用；其中水芹的水煎液对肝细胞有一定的保护作用，肝炎、肝功能不良者宜常食之。

◎水芹质滑，故脾胃虚寒，肠滑不固者食之宜慎。

◎水芹有降血压作用，故血压偏低者慎用。

◎清代《冯氏锦囊秘录》曾提醒人们注意："其叶下常有虫子，视之不见，倘误食不免为患，凡采务须洗净。"现代证实人体感染肝片形吸虫多因生食水生植物，如水芹等茎叶，故食用前切记洗净煮熟。∎

注：
①文中所涉营养成分含量，均依据《中国食物成分表（第一册）》，北京大学医学出版社，2009年第2版。
②文中所涉中医内容，主要参考《本草纲目》等古籍。

放

将洗净后的水芹码放整齐

理

水芹理顺后用草绳扎束成把

留种

　　水芹种田越冬之后，在来年3月底至4月初，要进行种株选种工作，挑选基部粗壮、节间短、直立、丛生，无病虫害的植株做种株，每株以15～20厘米的株行距栽入留种田。至7月种株拔节抽薹，开花结籽，植株老熟之后，便又可以进行下一季的种茎催芽育苗工作了。

运

用浮板拖运回屋棚

栽入留种田的种株

7月种株拔节抽薹

水芹的采收

18

主料：
水芹 300 克
香干 300 克

调料：
食用油 2 大匙
盐 1 小匙
味精 1/4 小匙

苏州市 周其昌制作

水芹炒香干

准备：

1 将水芹打掉叶片（可保留嫩梢），切除根部，清洗干净，切成约 5 厘米长的小段。

2 香干切成约 5 厘米长的细丝。

水芹切成段

制作：

1 炒锅中放油 2 大匙，大火烧热，倒入香干丝翻炒 2 分钟。

2 倒入水芹翻炒，加盐 1 小匙，继续翻炒 2 分钟。

3 加水半杯，盖锅焖 1 分钟。

4 加味精 1/4 小匙，翻炒均匀，即可出锅。

倒入香干丝翻炒

倒入水芹翻炒

水芹炒香干是江南最家常、最经典的水芹吃法之一且水芹口感爽脆，香干柔韧有嚼头香干的豆香可充分衬托出水芹特殊的清鲜香气二者搭配相得益彰，清爽有滋味

23

凉拌水芹

苏州市得月楼大厨 陈军制作

左手握一小把水芹，右手持筷子迅速打掉叶片

主料：

水芹 300 克

调料：

生抽 1/2 大匙
美极酱油 1/2 大匙
高汤 2 大匙
味精 1/4 小匙
麻油 1 小匙
盐 1/2 小匙

准备：

1 将水芹打掉叶片，切除根、梢两头，清洗干净。

2 用生抽 1/2 大匙、美极酱油 1/2 大匙、高汤 2 大匙、味精 1/4 小匙、麻油 1 小匙调成酱汁。

3 准备一小盆冷水。

制作：

1 锅中放 4 杯水，加盐 1/2 小匙，大火烧开。

2 放入水芹，焯水 20 秒，迅速捞出。

3 将水芹放入冷水中，冷却 30 秒捞出。

4 切成约 15 厘米长的水芹段，整齐装盘，淋上酱汁即可。

水芹焯水

若想使焯过的水芹色泽更鲜艳，口感更脆嫩，可放入冰水中冷却

水芹茎叶中含有挥发性甘露醇，芬芳扑鼻，凉拌食用，做法简单，也是苏州人喜爱的吃法，最能品味出其香气和脆嫩的口感，是爽口的开胃小菜

水芹香干炒豆芽

苏州新聚丰大厨 马波制作

此菜是家常菜『水芹炒香干』的变化形式，又称事事如意。水芹丝和香干丝的『丝丝』谐音『事事』，豆芽象征如意

主料：

水芹 150 克
香干 100 克
豆芽 50 克

调料：

食用油 2 大匙
盐 1 小匙
味精 1/2 小匙
淀粉 1 小匙

准备：

1 将水芹打掉叶片，切除根、梢两头，清洗干净。切成约 5 厘米长的段。

2 将豆芽洗净。香干切成约 5 厘米长的细段。

3 淀粉加少量冷水调成水淀粉。

制作：

1 炒锅中放油 2 大匙，大火烧热，放入水芹、香干，翻炒 3 分钟。

2 放入盐 1 小匙，味精 1/2 小匙，翻炒均匀，倒入水淀粉勾芡。

3 放入豆芽，翻炒 1 分钟，即可起锅。

25

水芹炒香菇

苏州市前港村 殷世芳制作

香菇含有丰富的『香菇多醣』，是有效的抗肿瘤成分，可增强人体免疫功能，含有的水溶性鲜味物质和水芹的清香搭配，使菜肴倍增鲜美。此菜美味与营养兼具，香气浓郁，令人垂涎

主料：

水芹 300 克
鲜香菇 200 克

调料：

食用油 3 大匙
盐 1/2 小匙
味精 1/4 小匙
葱花少许

准备：

1 将水芹打掉叶片，切除根、梢两头，清洗干净，切成约 5 厘米长的小段。

2 鲜香菇除去菌柄，切成厚约 1 毫米的薄片。

制作：

1 炒锅中放油 3 大匙，大火烧热，倒入水芹段、香菇片翻炒 2 分钟。

2 加入盐 1/2 小匙，翻炒均匀，倒入水 1/4 杯，盖锅焖 1 分钟。

3 加入味精 1/4 小匙，葱花少许，翻炒均匀，即可出锅。

水芹切成段

倒入水芹、香菇翻炒

加水焖煮

苏州市江湾村 胡敬东制作

水芹炒肉丝

主料：

水芹 300 克
瘦肉 200 克

调料：

食用油 3 大匙
盐 1 小匙
姜丝少许

准备：

1 将水芹打掉叶片，切除根、梢两头，清洗干净，切成约 5 厘米长的段。

2 瘦肉切成约 5 厘米长的丝。

制作：

1 炒锅中放油 3 大匙，中火烧热，放入姜丝炝锅，倒入肉丝，加盐 1/2 小匙，翻炒 3 分钟至肉变色成熟。

2 倒入水芹，加盐 1/2 小匙，翻炒 2 分钟。

3 加少许水，盖锅焖 1 分钟，即可出锅。

蔬菜与肉丝同炒是中餐最常见的搭配，有荤有素，营养均衡，这道简单的水芹小炒，菜香肉香配上一碗白米饭，浓浓的家常滋味

27

主料：

水芹 300 克
生肉皮 200 克

调料：

食用油 1 大匙
酱油 2 大匙
盐 1/2 小匙

准备：

1 将水芹打掉叶片，切除根、梢两头，清洗干净，切成约 5 厘米长的小段。

2 生肉皮切成约 8 厘米见方的薄片。

3 锅中放水没过肉皮，煮开，捞出，拔除肉皮上残余的毛。

4 待肉皮稍凉不烫手时，斜切成约 8 厘米长、1 厘米宽的肉皮丝。

要诀： 肉皮要趁热时切，冷了会粘连，不好切。因肉皮薄，所以切时需里面朝上，用斜刀切，以增加肉皮丝宽度。若切出的肉皮丝太细，烹饪后口味不佳。

汆烫肉皮

江苏淮安　赵学玉制作

水芹炒肉皮

将肉皮斜切成丝

制作：

1 炒锅中放食用油 1 大匙，大火烧热，趁肉皮丝温热时放入，加酱油 2 大匙，大火翻炒 3 分钟至熟透，起锅备用。

2 用锅中剩余的油炒水芹，加盐 1/2 小匙，大火炒 2 分钟至熟透，放入肉皮丝，翻炒均匀，即可出锅。

锅中下入肉皮丝，大火爆炒

将炒过的肉皮丝第二次放入锅内与水芹同炒

此菜中肉皮经水煮、二次烹炒油分已大部分被炒出，入口香嫩而不油腻与脆嫩的水芹搭配，形成异中有同的口感对话加上水芹特有的清香，令人回味

水芹藕条炒牛肉

上海市 叶卫田制作

主料：

水芹 500 克

莲藕 300 克

牛肉 250 克

调料：

食用油 4 大匙

盐 2 小匙

蒜末少许

姜末少许

料酒 6 大匙

淀粉 1 大匙

红辣椒末少许

黑胡椒粉 1 小匙

准备：

1 将水芹打掉叶片，切除根、梢两头，清洗干净，切成约 10 厘米长的长段。

2 将莲藕洗净，削去外皮，切成约 5 厘米长的细条。

3 将牛肉洗净，切成约 5 厘米长的肉条。加盐 1 小匙，蒜末少许，姜末少许，料酒 2 大匙，淀粉 1 大匙，拌匀腌 15 分钟。

制作：

1 炒锅中放油 2 大匙，中火烧热，下入腌好的牛肉（腌汁留下备用），翻炒均匀，再放入料酒 2 大匙，翻炒 2 分钟，出锅备用。

2 另起炒锅放油 2 大匙，大火烧热，放入藕条，加盐 1 小匙，红辣椒末少许，翻炒均匀，加料酒 2 大匙，以及腌牛肉剩余的汤汁，盖锅焖 10 分钟至莲藕熟透。

3 下入水芹，翻炒 2 分钟，下入炒过的牛肉，放黑胡椒粉 1 小匙，翻炒均匀，焖 5 分钟，即可出锅。

出锅喽！看这引人垂涎的水芹藕条炒牛肉，口感丰厚有层次，软香嫩爽脆，黑胡椒的浓香和水芹的清香混搭激发味蕾，堪称绝配

水芹饺子

苏州市礼耕堂点心师 宋兆远制作

擀饺子皮

包馅

捏合

成饺

主料：

猪肉馅 600 克
水芹 400 克
面粉 600 克

调料：

盐 1 大匙
味精 1/2 小匙
鸡精 1 小匙
胡椒粉 2 小匙
糖 1 大匙
麻油 2 大匙

准备：

1 将水芹打掉叶片，切除根、梢两头，清洗干净。

2 将面粉加适量水，和成软硬适中的面团，饧 20 分钟。

制作：

1 锅中放足量水，大火烧开，放入水芹，焯水 2 分钟，捞出细细剁碎，挤出水分。

2 将水芹碎拌入猪肉馅，加盐 1 大匙，味精 1/2 小匙，鸡精 1 小匙，胡椒粉 2 小匙，糖 1 大匙，麻油 2 大匙，向同一方向快速搅拌均匀。

3 将饧好的面团揉成长条，揪成小团，擀成饺子皮。

4 包入水芹猪肉馅，对边捏实成水饺。

5 锅中放足量水，大火烧开，放入水饺，待水烧开，加半杯冷水，至水再次烧开，如此重复两次，水饺即可成熟出锅。

可以做饺子馅的绿色蔬菜很多
而水芹馅并不多见
它特殊的香味
让最常见的饺子
也变得特别起来

采访手记

（上接第 2 页）

前后排茎，过一两个月左右的时间便可以进行深栽软化，具体时间根据早中晚各有不同。因为种植的时间持续比较长，所以在同一片水芹塘中，同时可以看到好几个阶段的水芹生长，这也给我们的观察提供了很多便利。

9月中的前港村，芡实陆续采收完毕，水塘清空，有些田塘已经准备开始进行水芹排茎。农户将采收过芡实或莲藕的水田排净水，整田施肥，种茎切成几段，均匀地抛撒在田中，并灌入薄水，使种茎浅浅地半浸在水中。没过多少天，平躺在田中的水芹种茎茎节上，就能长出翠绿的幼苗，并向下扎根。

●深栽后才能长成白嫩的水芹

排茎定植之后一个多月，就要进行揿土深栽。这个深栽，是水芹种植最关键的秘诀。水芹最好吃也是最主要的食用部分，是白白嫩嫩的叶柄嫩茎，叶柄之所以如此白嫩，正是因为被浸润在水土之下，不受阳光直接照射不发生光合作用而形成，叶柄纤维少，口感好。所以当水芹逐渐进入生长旺期，长到一定高度时，除了加深水位外，还需要把水芹植株拔起，再进一步深栽在本田中，使叶柄的一部分被埋入土中，达到变白变嫩的目的。

我们和农户约好时间，在10月下旬的时候，特地来观察水芹的深栽操作。大田中的水芹，被划分成大约两三米宽的长条畦块，每块之间留出水道以便于田间作业。不同的畦块成熟期不同，所处的生长阶段也不一样，这从叶片上可以很明显地看出来：有的刚刚定植数十天，尚未深栽，茎叶翠绿茂密，鲜嫩可爱；有的刚刚深栽过，水芹显得有点狼藉，东倒西歪，并且比附近的田块矮了一截；有些深栽过了一段时间了，茎叶又重新长高茂密如初，完全不见移栽的痕迹。

正好一位大娘正在一块田中操作，从田塘的一端逐步地移动到另一端。原来在栽种的时候，农户会特别留一小截大约一米宽的地面空出，深栽操作时，穿好橡胶靴，便可以从空地一端开始下水，先将几株水芹用力连根掏起，马上转身至留空部的另一边，双手握住整束水芹的根基部，手腕使力将其深深栽入泥中，使水芹植株深入泥中十几厘米，这样依次将整块田中的水芹都移了个位置深埋，留空部分也逐渐移动至田畦的另一头了，而这个留空的小水面，在开始采收水芹的时候，还能提供漂洗水芹的场地，虽是空地，却功用不小。

●寒水之中的水芹采收

11月中旬开始，深栽软化后不到一个月，

前港村的陈大伯在解说水芹植株

就可以陆续进行采收了。水芹长在水中的泥里，采收期又临近寒冬，所以采收并不是一个轻松的差事，从早到晚双手都得浸泡在冰凉的水中。农户一般从靠近田头屋棚的部分开始下水采收，在水面上搁一块浮板，然后把水芹一把把地挖起，在水里反复淘洗去淤泥，去除烂叶之后搁在板上，层层叠叠搁到将近一米高，便可以拉着浮板上的绳，将其整块拖进田埂边的棚屋中，由棚子里的大娘继续加工，这样采收到田畦远端时，还可以继续利用采后的水面拉运水芹，比较省力。有些田块比较偏，不通水路，则需要在田埂上铺一块四角系绳的布，把采下的水芹堆在布上，再用扁担挑回屋棚。

屋棚里堆积着满满的水芹，农户将几株水芹齐根并成一束理顺，在靠近根的位置用草绳一捆一扭，牢牢地扎好，堆放在一边等着客户上门来取货。当地不少水芹都运往上海市场，农户说，上海人讲究光鲜好看，所以他们还会根据要求先把根都切了再运。

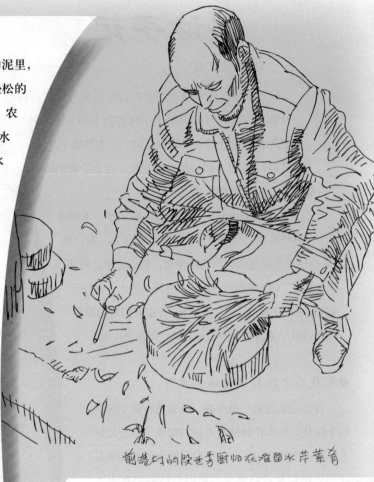

前巷村的殷世芳厨师在准备水芹菜肴

●清香扑鼻的水芹菜肴

水芹菜吃的主要是嫩茎及叶柄，尤其以水下较白嫩的部分最为好吃。全身都充满了一种特异的芳香，凉拌炒食皆可，风味独特。进嘴是软的，但嚼起来却十分清脆，还咯吱咯吱地响。

水芹的吃法很多，主要还是炒和凉拌，也有人用来做馅心，还可以用来做汤。一般先打去叶片，再进一步加工，清炒，或者炒香干、炒肉丝、炒百叶、炒榨菜丝、炒鸡蛋、炒鱼片等都可以。其中水芹炒香干是最经典和常见的一道做法。最简单则是凉拌水芹，把水芹去叶切段，水滚之后，迅速焯大约20秒后捞起，撒少许盐，淋上麻油，轻轻松松便做成一道颜色翠白相间，并且口感爽脆，品味清香的美食。水芹采收后，我们在江湾、前港和苏州城内陆续记录了几道经典做法。

水芹还蕴含有悠久的祝福文化。也许因为水芹中空的茎柄，江苏一些地方还称之为"路路通"，寓意事事通达、心想事成，是年夜饭桌上一道必不可少的菜。■

文史篇 美芹·采芹·献芹

文：陈诗宇

　　说到芹菜，今天的我们大多想到的都是栽培的旱芹菜，也就是俗称的药芹，还有近年引进的粗壮的西芹。但是在中国古代文献里面，"芹"这个字，大部分情况下指的却是和旱芹同科不同属的表亲——生长在水中的"水芹"。

春水生美芹

　　《诗经》中有"觱沸槛泉，言采其芹""思乐泮水，薄采其芹"之句，《吕氏春秋·孝行览·本味》："菜之美者……云梦之芹。"东汉高诱注："云梦楚泽，芹生水涯。"云梦在楚地，西汉《尔雅·释草》中也说："芹，楚葵。"郭璞注："今水中芹菜。"唐代韩保昇也明确指出："芹生水中，叶似芎劳，其花白色而无实，根亦白色。"清人张世进有诗云："春水生楚葵，弥望碧无际。"伴随"芹"而出现的汩汩泉水、泮水、云梦泽、春水，无不是泉水汇聚的溪河、低洼湿地环境，可见所指是生长在河池之中的水芹。

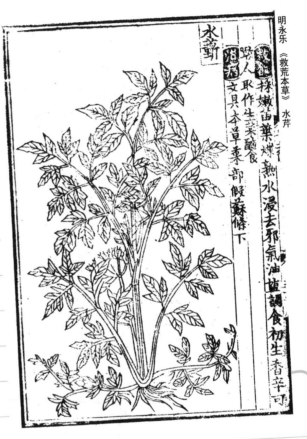

水芹　明永乐《救荒本草》

水芹菜

救饥：拣嫩苗叶煠熟，水浸去邪气，油盐调食。初生香辛可

　　除了"楚葵"，"芹"字在古代的写法还有"蕲""菦""斳""薪""水英"等，《神农本草经》有："水斳，味甘平……止血养精，保血脉，益气，令人肥健、嗜食。一名水英，生池泽。"《本草纲目》李时珍曰："斳当作薪，从艸、斳，谐声也。后省作芹，从斤，亦谐声也……云梦，楚地也。楚有蕲州、蕲县，俱音淇。"认为蕲州是因为盛产水芹而得名。

　　水芹的食用历史悠久，早在《周礼·天官冢宰·醢人》中就有"加豆之实，芹菹、兔醢"的记载。郑玄《毛诗传笺》云："芹，菜也。可以为菹。亦所用待君子也。我使采其水中芹者，尚洁清也。"先秦时代，水芹就被采摘食用，甚至做成腌菜作为祭品，一直沿用至明清。

　　作为一种野菜，水芹在灾年的救荒作用也一直被人重视。明初的《救荒本草》"水芹"一条即有详释："俗作芹菜，一名水英。出南海池泽，今水边多有之……救饥：发英时采之炒熟食。芹有两种：秋芹取根，白色；赤芹取茎叶，并堪食。又有渣芹，可为生菜食之。"徐光启在《农政全书·卷之二十八·芹》也提出："野芹，须取嫩白为佳，轻盐一二日，汤焯过。晒须一二日方妙。"

水芹的栽培历史比较悠久，早在南北朝就已经有种植。北魏贾思勰《齐民要术》："芹薐，并收根，畦种之。常令足水。尤忌潘泔及咸水，浇之则死。性并易繁茂，而甜脆胜野生者。"点出栽培要点，以及和野生水芹口感的区别。唐代苏州人陆龟蒙有诗："谁怜故国无生计，唯种南塘二亩芹。"《本草纲目》《广群芳谱》还明确地记录了"水芹"与"旱芹"的区别。

古今人物以"芹"为名的不少，"采芹""美芹""玉芹""佳芹""宝芹"或者单名"芹"，都是常见的名字，著名的比如曹雪芹、周可芹、周采芹、黄蜀芹等等，不一而足。芹不过是一种普通的蔬菜和水生植物而已，何以成为中国人喜爱的人名用字？实际上，几千年来，"芹"在中国文化里，还被赋予了丰富的文化含意，有着许多的特定的用法。

"泮水采芹"与读书人

"芹"字首先和读书，做学问有着莫大的关系。《红楼梦》第十七回《大观园试才题对额，荣国府归省庆元宵》中，宝玉曾为稻香村题了一联："新绿涨添浣葛处，好云香护采芹人。"这里的"采芹人"，说的并不是"采摘水芹菜的人"，而是贾府里的读书人，这里面有一个特别的渊源。

古时的学府称学宫，《诗经·鲁颂·泮水》有云："思乐泮水，薄采其芹……思乐泮水，薄采其藻。"泮水在鲁国国都曲阜，泮水里有芹、藻等各种水生植物，鲁僖公在泮水畔修建了泮宫。关于"泮水"与"泮宫"的名实渊源，后代儒者多有研究和争议，但至少自汉儒阐释之后，"泮宫"就成为地方学宫的代名词。后世各地学宫都在前面设置了半圆状的河池，也称"泮水"或"泮池"，上有"泮桥"，这个规矩一直维持到了明清时代。

所以当童生考中秀才（生员）以后，进入府、州、县的学宫继续学习，成为有资格进入泮宫，到泮水"采芹"的人，就被称为"入泮""游泮"或"采芹""掇芹"。"采芹人"就这样成为秀才或者读书人的一个雅称，学宫也因此多了一个"芹宫"

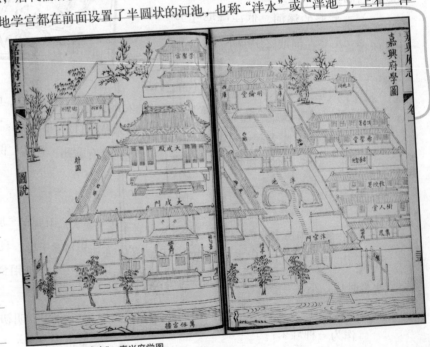

清光绪 《嘉兴府志》 嘉兴府学图

的别名。

　　蒲松龄《聊斋志异·狐谐》篇中介绍男主人时称："幼业儒，家少有而运殊蹇。行年二十有奇，尚不能掇一芹。"以未"掇芹"代指其未考中秀才。《初刻拍案惊奇》中有"他日必为攀桂客，目前尚作采芹人"，会试在正值桂树开花的秋日举行，所以用"攀桂客"比喻会试夺魁，而"采芹人"一句则指现在尚是一般秀才而已。石达开也有"曾摘芹香入泮宫，更探桂蕊趁秋风"之句。

　　另外因为泮水里有芹有藻，所以"芹藻"一词也被用来比喻有才学之士或者贡士，南朝江淹《新安王奏记》中说："淹幼泛乡曲之誉，长匮芹藻之德。"宋苏辙《燕贡士》诗："泮水生芹藻，于旄在浚城。"

　　泮水中的芹，无疑指的是水芹，两千多年来，因《诗经》中这一句的典故，水芹就这样与学问建立了各种密切的关系。今人也许觉得生疏，但对于封建时代的文人来说，这是无人不晓的，在历代文学作品里也时常出现。若不了解其中的渊源，可能就很难理解其中的深意。另外采摘水芹要忍受秋冬水凉冰寒之苦，这倒也契合读书人寒窗苦读的精神。

耿耿献"芹"心

　　除了被用作比喻读书人，我们在文学作品和书面用语里还常常能看到"芹"与"献""意""敬"等词同用，诸如"芹献""笑纳芹意"等等。比如《西游记》二十七回《尸魔三戏唐三藏，圣僧恨逐美猴王》，白骨精对唐僧道："忽遇三位远来，却思父母好善，故将此饭斋僧，如不弃嫌，愿表芹献。"这里的"芹献"有自谦之意，其来源可以远溯至《列子》中所记的一则先秦故事。

　　《列子·杨朱》中有"野人献曝"，讲宋国有个田夫，平日以破麻衣过冬，春日劳作时，在阳光下晒得暖洋洋的，不知道世上还有人穿着狐皮裘衣住在豪华的房子里，觉得晒太阳这个秘诀无人知晓，想进献给国君求赏。乡里的富户听说了，便告诉他一个故事："昔人有美戎菽、甘枲茎芹萍子者，对乡豪称之。乡豪取而尝之，蜇于口，惨于腹，众晒而怨之，其人大惭。"（有人觉得胡豆味美，芹、苍耳味甘甜，于是推荐给乡豪，乡豪找来吃了以后却口蜇腹痛不舒服），富户通过这个故事告诉农户，你想献给别人的好东西，可能在尊贵的人眼里并不值一提，甚至是厌恶的。

　　这个故事在东晋名士嵇康《与山巨源绝交书》中被归纳得更明了："野人有快炙背而美芹子者，欲献之至尊，虽有区区之意，亦已疏矣。"农夫孤陋寡闻，觉得"芹"是美味，想将其介绍给尊贵之人，虽有好意，但是却被他人耻笑。于是，后人就以"美芹"来比喻自己送出的礼物或者提供的建议，虽然自我珍重，但是实际上只是很不值钱或浅薄的东西而已，希望对方不要介意，是客气的自谦。

　　由此延伸开的用法很多，"芹意""芹诚""效芹""芹敬""芹献""芹曝"都是指自己的情意、诚意、贡献很微薄的谦辞。古人对自己的上书、建议，常常也以此表示自谦。唐代高适《自淇涉黄河途中作十三首（其九）》："尚有献芹心，无因见明主。"明代高启在咏《芹》诗中叹："饭煮忆青泥，羹炊思碧涧。无路献君门，对案空三叹。"说的都是有心"献芹"，而无门见君的苦闷。

说到"美芹"，不能不提的还有南宋辛弃疾。他主张抗金救国、收复失地，不顾自己官职低微，就宋金双方和与战的前途做具体分析，曾呕心沥血写成十篇论文，就是彪炳千古的《美芹十论》："臣虽至陋，何能有知，徒以忠愤所激，不能自已……故罄竭精恳，不自忖量，撰成御戎十论，名曰美芹……野人美芹而献于君，亦爱主之诚可取。"所以后人也以"耿耿美芹心"来形容这种爱国之心。

不过话说回来，水芹具有芬芳扑鼻的气味，爽脆可口，按理说不应该"蜇于口，惨于腹"。或许是因为乡豪只是像有人无法接受香菜的味道一样厌恶水芹，也有人认为乡豪采到的是和水芹外观接近的"毒芹"之类。对此李时珍还有另外的解释："杜甫诗云'饭煮青泥坊底芹'，又云'香芹碧涧羹'，皆美芹之功也。而《列子》言乡豪尝芹，蜇口惨腹，盖未得食芹之法耳。"他认为，是乡豪不懂芹菜的吃法，才觉得不好吃，其实并不是水芹的错。

菜之美者，云梦之芹

历代以来的中国人，对于水芹本身还是赞誉有加的，也常将其作为歌咏的对象。早在《吕氏春秋》中，水芹就被称赞为"菜之美者"。杜甫有"饭煮青泥坊底芹"的名句。《吴邑志》称其"洁白有节，其气芬芳"。清代张世进有诗云："春水生楚葵，弥望碧无际。泥融燕嘴香，根茎鹅管脆。"用"鹅管脆"来写水芹的根，惟妙惟肖。明代徐渭在《赋得芹芽》诗中吟道："青春曲水湄，芹吐小芽滋。在野未堪摘，献君知几时。暖风来燕子，寒食拌棠梨。一夜休教老，留尖煮鲙丝。"

乾隆南巡至杭州时，曾有浙江画家方薰进呈《太平欢乐图》一册，展现杭嘉湖地区百业繁荣、百姓安康的景象。其中有一幅《蔬中雅馔水芹》，描绘一位农人提着一个竹篮，装着刚刚采收下来的水芹。其上案云："……浙江陂塘薮泽间俱产芹，村人于二三月长苗时采鬻之，可作菹或瀹食之，味最芬郁，于诸蔬中可称雅馔。"对水芹的评价很高，称之为"雅馔"。

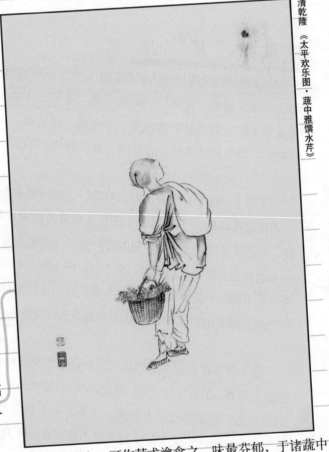

清乾隆 《太平欢乐图·蔬中雅馔水芹》

苏东坡被贬黄州后，发现此地盛产芹菜，做菜脆嫩味美。想起家乡"蜀人贵芹芽脍，杂鸠肉为之"，便用当地的芹菜创制"蕲芹春鸠脍"，留下了一道美味。曹雪芹最爱吃雪底芹菜，曾取东坡名句"泥芽有宿根，一寸嗟独在。雪芹何时动，春鸠行可烩"诗意写下"园父初挑雪底芹"。传说曹雪芹还曾用野芹救过朋友的命。他的三个名号：雪芹、芹圃、芹溪，皆有芹字，可见其对水芹的深情。

水芹的做法也不少，除前举"蕲芹春鸠脍"，杜甫也曾提过"香芹碧涧羹"。宋林洪《山家清供》中还详细记载："二月三月作羹时采之。洗净，入汤焯过，取出，以苦酒研芝麻，入盐少许，与茴香渍之，可作菹。惟瀹而羹之者，既清而馨，犹碧涧然。"

清人袁枚《随园食单》介绍芹菜的吃法时说："芹，素物也，愈肥愈妙。取自根炒之，加笋，以熟为度。今人有以炒肉者，清浊不伦。不熟者，虽脆无味。或生拌野鸡，又当别论。"又云："可素不可荤者，芹菜、百合、刀豆是也。"认为水芹不适合与肉同食，适合炒素，虽然未免偏颇，但是今日江南最典型的几道水芹菜肴，如水芹香干、凉拌水芹，的确也是最得真味的吃法。

因为水芹管状的茎干、叶柄均中心畅通，在江苏淮扬一带，水芹还有个形象的名字——"路路通"。到大年夜，水芹是饭桌上必备的一道菜，祝愿新年路路通达，也是个好彩头。另外水芹的"芹"又谐"勤"，给小孩吃水芹，又有希望其"勤（芹）奋读书（水）"的期盼。

近几十年来，西方的芹菜被引进中国，被称之为"西芹"，但其叶柄粗壮，气味也不如水芹芬芳扑鼻，其中最粗壮者也被称为"美芹"，但此"美芹"与彼"美芹"，已然相去甚远了。

绘图：刘镇豪

作家，新闻人、安徽芜湖人 谈正衡

节选自谈正衡：《梅酒香螺嘬嘬菜》

深藏白根的水芹菜

江南水乡的人，冬春季节里爱吃水芹菜，除了口味清香外，还因为它寓意吉祥。水芹菜细圆的秆茎是空的，俗称"路路通"，为了来年事事通达，讨个好口彩，除夕晚上通常都要随心做上一盘。

因为这份秀外慧中的水灵，日常餐桌上，水芹菜备受青睐。水芹菜和腊肉一起炒，味道清香宜人，那是不必说的了。炒前，先将水芹菜切好用盐腌上十来分钟，腊肉下锅爆香，倒入水芹菜，放上白糖提鲜，亦可加辣，大火急炒几下，鸡精调水泼入，趁鲜青未退、香气袅袅时即可盛盘，清爽中不失辛辣。茶干丝炒水芹菜，可同时加入切细的红椒丝，数色相间，颜色搭配十分养眼，透露出一种勃勃生机，让人看着就要食指大动。水芹菜炒臭干子，既香又臭，可谓殊途同归。水芹菜那种清香与众不同，败火功能特强，就算什么也不拉上，只寡寡地清炒着吃，也能让你吃出很不错的心情来。将水芹菜用开水焯过，切成小段，加盐、鸡精、辣椒油和醋，拌匀即可上桌；慢慢咀嚼之下，你会觉得，那丝丝的清凉香味，竟如同一种故人情谊在舌底氤氲。

挑选水芹菜时，掐一下秆部，嫩者易折断，韧而不易折断的，为芳年已过的老水芹。

种养水芹菜是很吃苦费力的艰辛事。有句话叫"水芹菜养不得老又养不得小"，就是说没有相当的体力和毅力，做不得此营生。水芹菜生长在水里，扎根于淤泥，收割时，正值朔风凛冽的隆冬。有一年雪后初晴的下午，我乘车路过镇江郊区，看见一处水面围了好多人，先以为是冬泳爱好者，后来才清楚是穿着黑胶衣的菜农们下水采水芹菜。他们在水里扭来抱去的，有人把刚割下的水芹菜吃力地往岸上拖，几个包着头巾的女人则蹲在水边一把一把地清洗整理。

然而，采野水芹却很轻松舒畅。有好几回我在徽州游玩时，看完了主要民居景点，就到村外瞎转。山区的天空，一年四季都是明净的，无论在大水沟或小山坑、小溪旁近岸没脚深的浅水里，都能看见旺生旺长的野水芹，在阳光下散透着强烈的生命气息，映对着残垣断壁，有一种落魄而丰韵的美。野水芹地下的根茎肥美白嫩，很容易被扯断，需耐着性子慢慢拔，或是将淤泥扒开，先掏出根茎，才能拔出完整的植株来。每一回，或多或少我都能弄一些带回家。野水芹除了上半部略有点嫌老外，凉拌了，有一种稍带淡淡苦味的安谧静远的清香。若是全选取那种美白驯良如新妇的嫩茎，好生调弄出来，脆嫩清口，轻轻咀嚼着，余留舌间的香气，让人不由自主地想到明媚的春光和清新宜人的大自然。■

作家，美食家，江苏苏州人 叶放（辑）

水芹钩沉

* 元代人贾铭所撰的《饮食须知》中：水芹味辛甘，性平。生地上者名旱芹，其性滑利。一种黄花者有毒杀人，即毛芹也。赤芹生于水滨，状类赤芍药，其叶深绿，而背甚赤，其性温，味酸有毒。胡芹生卑湿地，三四月生苗，一本丛出如蒿，白毛蒙茸，嫩时可茹，其味甘辛，性温。蛇喜嗜芹，春夏之交，防遗精于上，误食成蛟龙瘕。和醋食，令人损齿。忌同芹菜。

* 宋代高濂在《野蔬谱》中提到水芹菜：春月采，取滚水灼过，姜、醋、麻油拌食，香甚。或汤内加盐灼过，晒干，或就入茶供，亦妙。

* 袁枚《随园食单》中有：芹，素物也，愈肥愈妙。取白根炒之，加笋，以熟为度。今人有以炒肉者，清浊不伦。不熟者，虽脆无味。或生拌野鸡，又当别论。■

胡阿二 苏州角直车坊江湾村农民

种水芹最辛苦 采访整理：翟明磊

什么最辛苦？种水芹最辛苦。江湾村只有我一个人种，别人受不了。

水芹越是冷越是要采收，因为天最冷时蔬菜最少，水芹就可以卖出好价钱。冷冻了，蔬菜没有了，价钱贵得不得了。去年批发价三元一斤，零售七八元。所以不管下雪刮风，我们都要去采的。特别是冰冻的时候，要把水面的冰敲开，我们跳下去，那个冷，你们要看到，怕都怕死了。而且收水芹的时候，是水放得最大的时候，这样叶子浸在水里不会烂。穿着皮衣、皮裤，戴着手套，大半身浸水里，还要在水里把水芹一把把洗清爽，扎起来。到后来累得全身发热，倒不冷了，又都是汗。

深栽软化，要一把把嵌下去。这要技术的，嵌得深长不出来，浅了又不白，这要技术。一亩地拔起来再按下去，要花八个人工。

水芹长得像你扇子上画的那样（采访者折扇上画有水芹一棵），枝太开，密度不高，产量就低了。水芹炒菜吃，清爽得不得了，就这个味道。水一烫，油一拌，可以做冷菜的，炒菜也可以。　■

臧建国 河南南召人

采野水芹 节选自臧建国：《青青水芹》

真正鲜美的水芹菜夹杂在田埂之上，特别是有水流经过的河道两畔。……它们夹杂在茂盛的野草中间，几乎不容易发现，因为同这些野草相比，它们实在太微不足道了。但是，如果你眼中有它们，那么，当你看到一茎两茎的时候，蹲下身来，小心地扒开野草，那肥嫩的水芹，就一簇一簇地显现在你的眼前了。看啊，它们之所以不同于其他地方生长的水芹，特别是田地里生长的，就是因为它们完全是另一种可爱的姿态。你首先发现，它们根本不是匍匐在地上的，而是和那些争荣向上的野草并驾齐驱，甚至还要超出它们一头，在上面透出秀雅的叶片来。它们肥硕的嫩茎完全和那些粗俗的野草不一样……和那些平铺在田地里生长的瘦削的水芹相比，它们是那样的明显不同。因为这些野水芹和蓬勃向上的野草相伴相生，茎叶都是肥厚的绿色，完全脱离了那种可怜的青紫的色调，从冬街上的贫儿一变而为温室里的娇子

了。但你要想大把大把地采集它们，却也根本办不到。你必须一茎一茎地耐心地在茂盛的草丛间搜寻，仿佛略一分心，它们就会离开而去了一样。我时常蹲在溪埂上一两个时辰，周围没有人打扰，而我自己也忘记了一切，专注地采集水芹，直到头晕眼黑不得不直起身来为止。

真正的水芹，在我的心中，并不是一般的俗物。

然后就是回家后加工成美味的菜蔬了。还是仿照着小时候母亲的旧法，也加上了我自己做菜的灵感或是体会，那就是在沸水里煮上三五分钟，捞出后用凉水冲洗，轻轻地捋干，但不可太用力地去拧压。然后切成寸把长的菜段，加上精盐、小磨油，稍稍滴一点香醋，哇，不需其他的佐料，水芹的鲜香已扑鼻而来了……

看中药上说，水芹清热，明目，去火，润肺。但我觉得，能吃到这样仙异的鲜物，真是脱胎换骨了。　■

植物分类学达人，北京人　**秦隆**

小心毒芹

节选自秦隆：《清品泉涧旁——水芹》

作为和《吕氏春秋》里"猩猩之唇"并列的美味，水芹的芳踪并不一定要到趋于干涸的云梦泽去找，泉涧池洼、溪河湖沼之畔都可能有它的分布。我就曾在楚渝交界的大老岭有幸尝到过向导刚从山溪边采得的水芹茎叶，那股清爽就像我们跋涉了一天的山谷一样无邪，后来还吃了做熟后的水芹，在柔软的同时，更多了一点人间烟火的味道。

尽管味道清新收集容易处理简单，但水芹却并不在我推荐尝试的野菜名单之中，原因还是因为一个毒字。……

摄影：秦隆

伞形科在孕育了美味水芹的同时还混有毒参（Conium maculatum）、蛇床（Cnidium monnieri）这样土农药级别的毒草。特别是含有剧毒物质"毒芹碱"的毒芹，不仅外貌，就连生长环境都和水芹基本相同，于是，误食伞形科毒草中毒乃至致死的事件每年都频频发生。

右图的毒芹（Cicuta virosa）和左图的水芹（Oenanthe javanica）是否长得很像？不仅是外貌，二者连生长环境都基本相同，剧毒的毒芹同样生活在水边。

……我还是试着给大家提供一个水芹和毒芹的区别以为参考。当你有了七八成把握的时候，可以去到水边捞起一棵植株看它的根部——根部的茎明显一节一节并在每节都长有须根的便是水芹属的植物；而看不到分节或分节挤做一处，并往往长有肉质支根的则是毒芹。这样，即使记不住什么叶形花序双悬果之类的术语，也还能草草予以区别。　■

作家，江苏苏州人　**陆嘉明**

玉雪芹芽：菜之美者

节选自陆嘉明：《淡淡水八仙 悠悠意外味》

芹，有旱芹、水芹之别。旱芹，又称蒲芹，苏州人惯常叫药芹。水芹，则叫水芹菜，生于浅水沼泽或低洼水田之中，叶子碧绿生青，嫩茎清白无瑕，水灵中透出秀气，浑如小家碧玉，清清爽爽，朴朴素素，不施粉黛而自见清美，范成大有诗云："玉雪芹芽拔薤长"。我没有见识过水田中的水芹，据说夏季顶开白色小花，花序如复伞状，煞是清丽可人，每当妻从市场买得细细长长的水芹回来，只见芹叶绿蓬蓬地探出篮外，却一点也不张扬，单调清纯里有一种柔婉与亲切，这灵秀模样，乍看倒也悦目养眼。

说来这水芹的栽培和食用历史久矣。早在西周和春秋时期的民间歌谣中，就有关于"芹"的吟唱，从中透现出这一水生植物给予人的生活情调和盎然天趣。我国最早的诗歌总集《诗经》中载："觱沸槛泉，

言其采芹"。意即在汩汩流淌的泉水旁采呀采芹菜。有人认为这"芹"当指旱芹，我则认为泉水丰沛必形成低洼湿地，依水而生恐还是野生水芹，比如又有"思乐泮水，薄采其芹"，这"芹"岂不都与水有关系，当是水芹无疑。《吕氏春秋·本味》中说："菜之美者……云梦之芹。"云梦，意即泽薮之地。可见，古人早就认识到水芹是一道美味了。在《周礼》中，有载"加笾之实，芹菹兔醢"，说明当时的人不仅吃新鲜的水芹，同时还把水芹制成腌菜，可在时序过后食用。水芹，后经人工驯化栽培，终成一道蔬中佳肴。据载唐代人对水芹特有好感，深信"食之益神益力"。一代官宦文人，多有诗文赞之。韩愈诗云"涧蔬煮蒿芹"；杜甫有诗赞曰"饭煮青泥坊底芹"；苏州人陆龟蒙则云"谁怜故国无生计，唯种南塘二亩芹"。可见栽芹吟诗，竟成一时风气。说来有趣，据柳宗元《龙城录》记载："魏征好嗜醋芹，每食之，欣然称快。"有次唐太宗"召赐食，有醋芹三杯，公见之，欣喜，翼然，食未竟而芹已尽"。嗜芹如此而不顾礼数，端的可爱之至。宋代，苏东坡又有诗云"烧芹煮笋饷春耕"。有人曾称他有的诗"质朴有味"，此言不虚。相比起来，陆游对蔬菜更是情有独钟，他到晚年甚至已不沾荤腥了。他认为多食荤于健康不利，诗云"肉食从来意自疑，斋盂况与病相宜"，这种见地，倒颇符合现代人的养生观念。在陆游爱食的蔬菜中就有水芹："菘芥可菹芹可羹。"水芹可做羹汤，这种吃法，也许更能得尝水中之味。

水芹，通常是打去叶子只食嫩茎和叶柄，或清拌，或清炒，有一种淡爽清味。作家舒展常与文友聚会献艺，而他不善烹调，只能充当食客。有次经不住朋友的怂恿，逼其亲手烹制菜肴，他急中生智，就拌了一盘芹菜，加点海米之类，又佐以香油，谁知这一清蔬竟得众人赞赏。在扬州"红楼宴"中，厨师从《红楼梦》作者的名字得到灵感，做了一道"雪底芹芽"，意合"雪芹"二字。这是在蛋清做成的晶莹"白雪"之上，排上烫熟并调制好的芹菜，点点嫩芹，菜尖碧绿，底下又埋着嫩嫩的鹅脯肉，尝一口则鲜嫩无比，齿颊芹香犹有不了之味。

水芹菜在苏州人的饭桌上，是最有平民意趣的一道菜了。李劼人说，家常菜不专务外表，只顾到好吃。好吃，是最现实主义的。至于如前所说的"雪底芹芽"，在现实主义之上又增加了浪漫色彩，这于寻常人家而言，就近乎奢侈了。夏丏尊说：中国民族的文化，可以说是口的文化。饮食文化，是最为讲究实效的文化了。家常菜吃出品位吃出雅致来，故而能显示文化；但粗茶淡饭却未必没有文化。我们现在所说吃的"实效"，有两重含意：一是在果腹之外觉得"好吃"，讲究的是口味；再是在口味之外而利于身心之健，讲究的是养生。这才是最现实主义的文化了。当然，再进一步，则要从色、香、味、形、质、意等诸种因素，综合起来体会其特有的文化内涵。但这种文化，早已了无痕迹地融入苏州人的日常生活中了。

因人的口味不同，水芹菜亦非朵颐尽美之物。有人喜欢，也有人不太喜欢。我是爱吃，却并不嗜吃。吃也只是通常吃法。一是炝芹菜做冷盘，细嚼慢咽时感到不愠不火，不快不慢，从从容容而似啻啻有味，犹若读陶渊明的诗：清悠淡永，有自然之味。有时客来家宴，于荤腥之外加一盘炝芹菜，油腻吃多了，再尝一口清味，倒也颇受欢迎。如果嫌芹菜味道太单纯，还可以分别拌一点海米、虾仁、虾皮、海蜇皮、火腿丝等，装在盘中，不仅色泽起了变化，口味也别有风致。第二种吃法是炒芹菜。水芹菜一炒，嫩茎难免过于柔软，没有骨子，且味道单一，妻子熟知我的口味爱好，常把芹菜与豆腐干丝一起炒，二者调和搭配，软硬适度，吃起来既有嚼头，又觉清和淡逸，淳味纯真。如要味重，或可加河虾、肉丝、猪肝等一起爆炒，味道也是好的。

我的一位朋友，近年来研究养生美学。一日受邀在他家便宴。他说，凡为蔬菜，都有一定的药用价值，最为养生。芹菜属长纤维蔬菜，吃了有清肠作用，真可胜过"昂立一号"。他知道我有高血压症，且脾气急躁，遇事激动，易上肝火，他就劝我多吃芹菜，因芹菜还有清热、降压之效。听了朋友的话，我便常吃芹菜，有无实效，倒未验证，不过我的心气确是日见平和了。 ■

编后记

《中国水生植物——苏州水八仙》终于进入编后，我们也得以松一口气，在把本书呈现给读者之前，需要感谢为这套书提供过帮助的朋友们。

2010年4月10日，汉声编辑到苏州文化名家叶放先生家做客，叶先生既是画家，又是美食家，在谈起苏州风物时，提及苏州的八种水生蔬菜"水八仙"，引起我们的关注和兴趣，当即确定下这个题目。随后通过叶放的联系，发动了苏州摄影家汪浩和记者李婷，当晚在十全街的五卅饭店以沙洲优黄举杯，同我们一起组成在苏州最早的采访团队。汪浩先生在接下来，多次亲自到苏州的水八仙种植区持续追踪采访，为我们提供了许多高质量的照片。

从2010年6月开始至2012年8月，汉声编辑从北京和台北来到苏州二十余次，田野采访工作持续了两年多，前前后后得到许多苏州朋友的支持。苏州作家王稼句老师提供了许多水八仙的文史信息，使我们得以接触到水八仙背后深厚的文化。苏州前文化局局长高福民先生也为我们的采访帮忙牵线。还要特别感谢苏州设计家周晨先生为我们采访提供的便利和帮助。

风物志在文史背景下，还要关注植物本体科学性的知识，才能更好地详尽记录。苏州市蔬菜研究所原副所长鲍忠洲、苏州农林局推广站专家陈金林为我们提供了极其详尽的关于水八仙植物学和栽培学上的知识，以及苏州水八仙的种植概况。